U0382605

中国科学院科技服务网络计划（STS计划）项目（KFJ-EW-STS-089）
国家发展和改革委员会发展规划项目

城市群规划编制技术规程

Technical Regulation for Urban Agglomeration Planning

樊 杰/主编

科 学 出 版 社

北 京

内 容 简 介

本书在借鉴城市群发育成长基本规律的理论认知基础上,研制城市群规划编制的内容体系和技术方法。首先,阐述城市群内涵及城市群规划的性质与职能、规划编制原则和流程;其次,介绍战略区位分析、资源环境承载能力评价、城市群发展现状评价、多规协同状态分析、发展目标预测等方面的基础条件评价与发展预测方法;最后,阐述规划背景、功能定位与战略目标、总体布局、城乡统筹与城市群协同发展、产业分工合作、区域基础设施网络建设、创新体系与社会公平、生态环境综合整治、空间管制与保障措施等方面的规划内容构成及编制指南。此外,还就规划成果表达、规划环境影响评估、规划实施评估等进行了扼要阐述。

本书可供国土空间类规划、区域发展等相关领域的研究者、规划工作者以及相关部门人员和管理者参考。

图书在版编目(CIP)数据

城市群规划编制技术规程 / 樊杰主编. —北京:科学出版社,2019.1

ISBN 978-7-03-060353-1

Ⅰ.①城… Ⅱ.①樊… Ⅲ.①城市群–城市规划–编制–中国–技术操作规程 Ⅳ.①TU984.2-65

中国版本图书馆 CIP 数据核字(2019)第 005174 号

责任编辑:张 菊 / 责任校对:彭 涛

责任印制:肖 兴 / 封面设计:黄华斌

科学出版社 出版

北京东黄城根北街 16 号

邮政编码:100717

http://www.sciencep.com

中国科学院印刷厂 印刷

科学出版社发行 各地新华书店经销

*

2019 年 1 月第 一 版 开本:720×1000 1/16

2019 年 1 月第一次印刷 印张:4 1/4

字数:60 000

定价:50.00 元

(如有印装质量问题,我社负责调换)

研 制 单 位

中国科学院地理科学与资源研究所

项目组 (编写组)

首席科学家 (主编)　　樊　杰

参加人员　方创琳　陈　田　金凤君　张文忠　徐　勇
　　　　　　刘盛和　王成金　鲍　超　王　岱　汤　青
　　　　　　余建辉　周　侃　王　婧　李佳洺　戚　伟
　　　　　　郭　锐

学术秘书　周　侃

序

城市在一定区域范围内趋向成群集中分布是一个客观的地理过程，也是城镇化的普遍趋势。我国以城市群为推进城镇化的主体形态，也符合我国资源环境承载能力的基本特征。多年以来，我国逐步形成了人口和城镇沿河谷海岸的带状集中，以及围绕交通节点枢纽在平原或盆地区域组团式集聚的空间形态，客观上为未来我国继续以城市群为推进城镇化的主体形态奠定了基础。城市群的效益主要应该体现在城镇功能定位和产业经济发展方面能够合作共赢、公共服务和基础设施体系建设方面能够共建共享、资源开发利用和生态环境建设方面能够统筹协调，城市群的系统性、复杂性、长期性更强，因此，提高我国城市群建设质量，首先是要做好顶层设计和统筹规划。

党的十八大之后，推进新型城镇化成为我国重大战略。2014 年 3 月 16 日新华社发布中共中央、国务院印发的《国家新型城镇化规划(2014—2020 年)》，明确了城市群是推进新型城镇化的主体形态，并要求中央政府负责跨省级行政区的城市群规划编制和组织实施，省级政府负责本行政区内的城市群规划编制和组织实施。借鉴主体功能区规划是依据技术规程进行编制的经验，2014 年 3 月 31 日国家发展和改革委员会致函中国科学院（附件 1），商请研制"城市群规划编制技术规程"。

在中国科学院科技服务网络计划（STS 计划）项目、国家发展和改革委员会发展规划项目的资助下，依托我们团队承担完成的"京津冀都市圈规划"以及相关城市群规划、区域规划的实践基础，聚焦规划编制的技术方法，借鉴对城市群发育成长基本规律的理论认知，我们在较短的时间内完成了《城市群规划编制技术规程》的研制。本规程由国家发展和改革委员会随同城市群规划工作方案一并下发到负责规划编制的政府部门和技术团队，并被采用。笔者还就技术规程的编制在城市群规划工作会议上进行了解读、培训。截至目前，《国家新型城镇化规划（2014—2020年）》中明确的跨省级行政区城市群规划，除海峡西岸城市群之外，全部完成。在国家发展和改革委员会上报国务院审批的说明中，明确是采用我们编制的技术规程为指导，编制完成的城市群规划（附件2）。城市群规划作为区域规划的一种类型，技术方法可供国土空间类规划借鉴。现修订出版，供参用、指正。

2018年12月18日

目　　录

引　言

城镇化是实现现代化的必由之路，城市群是推进新型城镇化的主体形态。按照《国家新型城镇化规划（2014—2020 年）》关于统筹编制城市群规划的要求，中央政府负责跨省级行政区的城市群规划编制和组织实施，省级政府负责本行政区内的城市群规划编制和组织实施。为规范和指导城市群规划的编制、提高城市群规划的可操作性，特制定《城市群规划编制技术规程》。

第一篇

总　　则

第一章　城市群的内涵与范围

第一条　城市群是我国参与全球竞争和国际分工合作的核心地区，是我国实现全面建设小康社会和现代化目标的先导区域，是推进区域协调发展、优化国土空间格局、加快生态文明建设的重要平台，在推进我国新型城镇化进程中发挥着关键作用。

第二条　城市群通常是指在特定地域范围内，自然和社会环境整体性强，人口和经济集聚规模大，城镇化和工业化水平高，基础设施体系和公共服务网络相对发达，具有较高区域一体化水平的城市群体。

第三条　城市群的基本判别标准是：

（一）地理区位适宜，具有相对平坦、开阔、连绵的用地条件，支撑城镇化的资源环境综合承载能力较强。

（二）至少有 1 个城镇人口大于 200 万人的大城市作为核心城市，大城市数量一般不少于 3 个。总人口规模大于 2000 万人，城镇化水平高于所在省（自治区、直辖市）的平均城镇化水平。人口密度达到 1000 人/km^2。

（三）人均 GDP 高于所在省（自治区、直辖市）的平均水平。工业化程度较高，非农产业产值占总产值的比例大于 70%。核心城市 GDP 占城市群 GDP 总量的比例一般不小于 40%，是全国或所在省（自治区、直辖市）的经济中心城市。

（四）具有由多种现代交通方式组成的国家级和区域性交通枢纽，具备较强的对外开放门户功能。基本形成城际联系便捷的综合交通运输网络，核心城市的半小时通勤圈和两小时经济圈已具雏形。

第四条　按照城市群的基本判别标准划定城市群的空间范围，城市群规划范围通常与城市群的空间范围一致。

第二章　城市群规划的性质与职能

第五条　城市群规划是以国土空间布局为主要内容，跨行政区（省域或市域）的区域性规划，具有指导性和约束性的规划性质。

第六条　城市群规划是以解决区域性整体发展和协调发展问题为导向，以优化空间资源配置、指导城市群健康发展为核心目标的空间管制和区域政策工具。具体内容包括：培育和提升城市群整体竞争力、可持续发展能力和社会公平水平，促进经济效益、生态效益和社会效益的协调统一；构建产业、城乡、社会和文化领域的多层次协同发展网络，促进城市群协同发展；建立交通运输、能源供应、绿色基础设施领域的全方位支撑保障，打造区域性支撑体系；建立对城市群跨行政区分工合作的协调机制，按照跨行政区的空间管制和治理单元，兼顾地方利益和国家利益、部门利益和整体利益、近期利益和长期利益，促进城市群优势互补、互利共赢。

第七条　城市群规划是我国规划体系中的一个重要组成部分。应贯彻落实《国家新型城镇化规划（2014—2020 年)》等上位规划的相关指引，严格遵循上位规划的约束性要求。应用于指导城市群规划范围内的各类总体规划和专项规划等下位规划的编制，是涉及城市群健康发展的重大战略任务建设布局的依据。

第三章　城市群规划的原则

第八条　把握城市群发展特征。城市群规划编制应充分认识城市群的演化规律，遵循城市群的发展阶段特征，客观分析城市群的历史沿革、发展现状和未来趋势，找准城市群的功能定位与战略目标，按照城市群所处的空间结构演进阶段，合理规划城市群内各城镇之间的层次地位、空间规模、职能组合、联系强度和布局形态等，前瞻性地进行空间组织与资源配置。

第九条 尊重自然和经济规律。城市群规划编制应当以生态文明理念为指引，以人与自然协调发展为准则，充分考虑资源环境承载能力对城市群发展的约束条件，实现人口、经济、城镇布局与资源环境相均衡。严格遵循经济社会发展基本规律，合理发挥政府和市场在城市群发展中的作用，既要杜绝因行政力量推动造成城市群"拔苗助长"式的规模扩张，又要防止盲目的市场竞争对公共资源的无序开发，实现城市群经济效益、生态效益和社会效益的协调统一。

第十条 突出规划针对性。城市群规划编制在凸显国家新型城镇化战略部署的同时，应因地制宜、因时制宜，突出城市群的发展阶段特征、地理区位特征、资源环境特征、社会经济特征等地域特色，防止城市群规划目标和规划内容的简单重复、盲目照搬。城市群规划应围绕解决城市群当前和未来一段时期发展的重大问题，确定规划目标、部署规划内容、设计实施路径。

第十一条 注重规划可操作性。城市群规划编制应当找准各级部门的规划事权定位，处理好与上位规划和下位规划的关系，不缺位、不错位、不越位，充分保障各级政府的规划事权，做到有机衔接、相互协调，实现各类规划的协调统一。城市群规划还要注重将战略指导和任务落实相结合，将刚性举措和柔性政策相结合，将长远发展和近期行动相结合，切实增强城市群规划的实施力度。

第四章 城市群规划的依据与期限

第十二条 城市群规划的主要依据包括：

（一）国家国民经济和社会发展五年规划。

（二）《全国主体功能区规划》。

（三）《国家新型城镇化规划（2014—2020年)》。

此外，还应选择相应的省级国民经济和社会发展规划、省级主体功能区规划、省域城镇体系规划等相关规划作为规划编制依据。

第十三条 城市群规划的期限一般为20年，可分为近期、中期和远期，规划还应对城市群远景发展提出设想。近期规划期限一般为3~5年，与国民经济和社会发展规划保持同步；中期规划期限一般为10年；远期规划期限通常截止到规划期末。

第五章 城市群规划的编制流程

第十四条 城市群规划编制包括前期工作、基础研究、规划编制、论证审批等阶段（图1）。

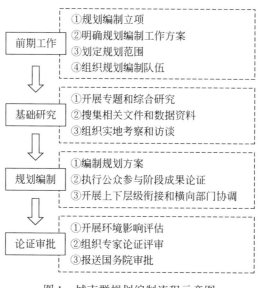

图1 城市群规划编制流程示意图

第十五条　前期工作阶段。城市群规划编制要履行项目立项程序，由规划编制部门提出立项申请，报请上级或同级主管部门批准。在城市群规划立项时，应提交规划编制工作方案，确定规划范围、工作进度和目标要求。城市群规划立项后，应尽快组织规划编制队伍，与研究机构和技术部门签订委托协议。

第十六条　基础研究阶段。针对城市群规划编制的要求，组织开展若干专题研究，在此基础上完成城市群规划综合研究报告。专题和综合研究应以深入细致的实地调研工作为基础，调研工作包括：拟定调研提纲和考察路线，开展政府部门和企事业单位的重点访谈、考察，搜集规划相关文件、图集、问卷等资料。

第十七条　规划编制阶段。规划方案编制过程中应充分考虑地方诉求、充分听取各方意见，通过多方案比较，形成规划草案。执行全过程公众参与，对阶段性重要结论应组织专题论证和研讨，将规划作为各方协商对话的平台，将规划作为统一思想的载体。应加强同上位和下位相关规划的充分衔接，应加强同有关部门和相关地方政府的充分协调，在规划编制时化解矛盾和冲突，建立共识。鼓励在城市群规划编制过程中探索应用新技术、新方法、新思路，为城市群规划编制积累更多的实践经验，丰富和发展我国城市群规划编制理论与方法。

第十八条　论证审批阶段。规划草案形成后，按照国家相关规定，组织开展城市群规划的环境影响评估。通过评估后，要组织专家对城市群规划进行论证、评审，出具论证意见和评审报告，并由专家组签字确认。跨省级城市群规划由涉及的省级人民政府联合报送国务院审批，省内城市群规划由省级人民政府报送国务院审批。经审批的城市群规划应采取多种形式向社会公告。

第二篇
基础条件评价与发展预测

第六章　战略区位分析

第十九条　战略区位分析着重阐释城市群相对于周边自然地理和经济地理环境的位置关系,以及在国内外发展战略格局中的位置,为明确城市群的发展环境、功能定位和重点任务提供依据。具体包括:

(一)自然地理区位分析。主要分析城市群在生态安全格局、地形和气候格局、海陆与大型水系分布中所处的位置,评价自然地理区位条件对城市群规划的影响。

(二)经济地理区位分析。主要分析城市群在国土空间开发格局、国家新型城镇化格局、对外开放合作格局中所处的位置,评价经济地理区位条件对城市群规划的影响。

(三)战略区位分析。主要分析城市群在全球地缘政治和地缘经济格局中所处的位置;阐释城市群在我国重大区域战略(主体功能区、四大经济板块等)、区域规划、区域政策体系中所处的位置等。

第七章　资源环境承载能力评价

第二十条　资源环境承载能力评价主要概括城市群自然地理条件和生态环境的总体特点,构建刻画要素本底属性和过程特征的指标,对城市群开展分步式或集成式单项和综合评价,为城市群规划确定规模总控上限、空间格局及范围提供量化依据。具体包括土地资源、水资源、生态系统、环境质量、自然灾害等方面的评价(表1)。

表 1　资源环境承载能力评价要素指标项及功能含义

评价要素	指标项	功能含义	备注
土地资源	适宜用地	区域可供人类居住和从事耕作、工业等生产活动的土地资源潜力上限	主要包括城镇用地、农村居民点用地、工矿用地和交通用地等
	后备建设用地潜力	区域可供未来人口集聚、工业化和城镇化发展的剩余或潜在适宜建设用地面积	主要包括尚未开发的剩余适宜建设用地、可整理的低效建设用地、可整理的农村居民点用地等
水资源	可开发利用水资源量	区域可供人类生活和生产利用的水资源潜力上限	主要包括地表水、地下水和外来水
	可利用水资源潜力	区域可供未来社会经济发展使用的剩余或潜在可利用水资源量	主要指可利用但尚未利用的地表水、地下水和外来水剩余量以及节水潜力
生态系统	生态脆弱性	全国或区域尺度生态系统相对于外力干扰所具有的敏感反应和恢复能力	主要指人类活动过度导致的沙漠化、土壤侵蚀、石漠化等
	生态重要性	保持生态系统结构与服务功能的稳定对于人类生存和发展的重要程度	主要包括水源涵养、土壤保持、防风固沙、生物多样性维护、特殊生态系统等
环境质量	大气环境容量	在满足大气环境目标值条件下，区域大气环境所能承纳污染物的最大量	主要包括二氧化硫（SO_2）、二氧化氮（NO_2）、悬浮颗粒物（$PM_{2.5}$，PM_{10}）等
	水环境容量	在不影响水的正常用途的情况下，水体所能容纳的污染物量或自身调节净化并保持生态平衡的能力	主要包括氨氮（NH_3-N）和化学需氧量（COD）等
	固体废弃物处理能力	区域已建分类固体废弃物处理设施可以处理的各类固体废弃物的最大量	主要包括城乡生活垃圾、生产垃圾和特殊垃圾等
自然灾害	自然灾害危险性	区域自然灾害发生可能性和灾害损失严重性	主要包括洪水灾害、地质灾害、地震灾害、热带风暴潮灾害等

第二十一条 土地资源评价。重点评价城市群适宜用地和后备建设用地潜力，采用分步式方法测算和评估后备建设用地潜力规模、来源构成及空间分布特征，为确定城市群未来人口集聚、工业化和城镇化发展规模提供依据。主要包括：

（一）确定适宜用地。确定合理的坡度和高程分级标准，提取城市群的适宜用地，测算面积并分析其空间分布特征，确定可供人类居住和从事耕作、工业等生产活动的土地资源潜力上限。

（二）确定剩余适宜建设用地。根据适宜用地分析评价，扣除适宜用地内河湖库等水域、林草地、沙漠戈壁、已有建设用地、基本农田面积，评估城市群尚未开发的剩余适宜建设用地规模及空间分布特征。

（三）测算低效建设用地和农村居民点整理潜力。对城镇和工业用地节约集约程度进行等级划分，评估低效建设用地整理潜力及空间分布特征；根据农村人均居住用地标准（120～150m²），评估农村居民点用地整理潜力及空间分布特征。

第二十二条 水资源评价。重点评价城市群可开发利用水资源量和可利用水资源潜力，采用分步式方法测算和评估可利用水资源潜力及其空间分布特征，反映水资源对城市群可持续发展的支撑能力。主要包括：

（一）测算区域可开发利用水资源量。可开发利用水资源量包括地表水、地下水和外来水可利用量。根据各河流水文和生态特征，计算河道生态需水和不可控制洪水量，得出地表水可利用量；根据各水文地质单元的水文特征，计算地下水系统生态需水量和无法利用的地下水量，得出地下水可利用量。

（二）测算可利用水资源潜力。根据现状农业、工业、生活实际用水量和生态用水量，计算已开发利用水资源量；依据区域河流上游实测多年平均年流量数据，计算入境可开发利用水资源量；将可开发利用水资源量与入境可开发利用水资源量相加，再减去已开发利用水资源量，得到可利用水资源潜力。

第二十三条 生态系统评价。重点评价城市群生态脆弱性和生态重要性，采用集成式方法评估城市群生态脆弱性和生态重要性等级类型、集中分布区、空间分异特征，分析生态脆弱性和生态重要性对城市群发育的胁迫程度，为优化国土空间结构、保障国土空间安全提供依据。主要内容包括：

（一）生态脆弱性评价。利用沙漠化脆弱性、土壤侵蚀脆弱性、石漠化脆弱性分级数据，对生态脆弱性进行单因子分级评价；对单因子评价的生态脆弱性进行复合，判断生态脆弱类型是单一型还是复合型；对单一型生态脆弱类型区域，根据其生态环境问题脆弱性程度进行生态脆弱性等级划分，对复合型生态脆弱类型区域，采用最大限制因素法进行生态脆弱性等级划分。

（二）生态重要性评价。利用水源涵养重要性、土壤保持重要性、防风固沙重要性、生物多样性维护重要性分级数据，对生态重要性进行单因子分级评价；对单因子评价的生态重要性进行复合，判断生态重要类型是单一型还是复合型；对单一型生态重要类型区域，根据其单因子生态重要性确定生态重要程度，对复合型生态重要类型区域，采用最大限制因素法确定生态重要程度。

第二十四条 环境质量评价。重点评价城市群大气环境容量、水环境容量、固体废弃物处理能力，采用集成式方法评估城市群环境质量，反映总体环境或某些要素支撑人类生存以及社会经济发展的适宜程度。主要包括：

（一）大气环境容量评价。以二氧化硫（SO_2）、二氧化氮（NO_2）、悬浮颗粒物（$PM_{2.5}$，PM_{10}）等主要污染物为评价对象，选择适宜的大气污染物排放标准，使用年均浓度、背景浓度、控制面积等测算大气环境容量。通过现状排放量与大气环境容量的对比，评价大气环境容量超载程度。

（二）水环境容量评价。以氨氮（NH_3-N）、化学需氧量（COD）为主要评价对象，选择不同的地表水级别标准，使用目标浓度、本底浓度、地表水资源量等测算水环境容量。通过现状排放量与水环境容量的对比，评价水环境容量超载程度。

（三）固体废弃物处理能力评价。以城乡生活垃圾、生产垃圾和特殊垃圾为主要评价对象，测算城市群已建分类固体废弃物处理设施可以处理的各类固体废弃物的最大量。通过固体废弃物现状排放量与处理能力的对比，评价固体废弃物处理潜力。

第二十五条 自然灾害评价。重点评价城市群洪水灾害、地质灾害、地震灾害、热带风暴潮灾害等灾害类型，采用集成式方法评估自然灾害危险性，划定各类灾害影响及避让区域。主要包括：

（一）洪水灾害。根据百年一遇、五十年一遇等不同洪水发生频率，设定河道防洪标准，划定溢洪区域，确定城市群洪水灾害避让区。

（二）地质灾害。评估崩塌、滑坡、泥石流等地质灾害发生的可能性，提出地质灾害防治工程措施，确定城市群地质灾害避让区。

（三）地震灾害。根据地震地质条件、地震动峰值加速度等评估地震灾害危险性，提出地震灾害防治工程措施，确定城市群地震灾害避让区。

（四）热带风暴潮灾害。根据气象条件、水文条件等评估热带风暴潮灾害危险性，设定热带风暴潮灾害紧急应对工程措施及标准，确定城市群热带风暴潮灾害高危区。

第二十六条 综合评价。在土地资源、水资源、生态系统、环境质量、自然灾害5个单项评价基础上，依据"短板效应"原理构建资源环境承载能力综合评价方法，划分资源环境承载能力等级类型，为确定城市群建设用地拓展边界和人口集聚规模提供依据。主要包括：

（一）构建资源环境承载能力综合评价方法。根据单项要素评价，选择合理的指标体系，依据要素组合特征及最大限制因子构建城市群资源环境承载能力综合评价方法。

（二）划分资源环境承载能力等级类型。对城市群资源环境承载能力进行综合评价，确定分级参数和标准，按行政单元或自然单元将城市群地区划分为超载、临界超载、不超载等类型，绘制资源环境承载能力综合评价等级类型图。

（三）资源环境超载原因分析及对策建议。针对城市群地区资源环境超载和临界超载区域，分析产生资源环境超载的原因，提出疏解性对策建议。

第八章　城市群发展现状评价

第二十七条　城市群发展现状评价主要阐释现状城市群空间、经济社会、人口与城镇化以及基础设施建设等方面的发展态势与发展状况；判断城市群的发育水平与发展阶段，识别城市群可持续发展存在的关键问题及成因，为城市群发展目标预测提供依据。主要评价内容包括城市群空间发展格局、人口与城镇化发展现状、经济与产业发展现状、基础设施发展现状、社会公平与创新体系现状等方面。

第二十八条　城市群空间发展格局评价。阐述城市群发展阶段、内部层次结构，采集矢量图形数据和年度统计数据，建构城市群发展格局空间数据库与评价指标体系，为确定城市群空间发展目标与战略格局提供依据，具体包括：

（一）城市群发展阶段评价。从内部动力和外部动力两方面构建指标体系，运用聚类分析、层次分析、GIS空间分析等方法，对城市群人口、经济、投资、社会、人文等多项要素指标及其多年变动情况进行对比，从城市规模密度、经济发展水平、城镇体系结构、内部网络联系发育水平以及对外联系发育水平等维度，评价城市群所处的发展阶段，诊断城市群发展阶段存在的主要问题及形成原因。

（二）城市群层次结构评价。采用重力模型分析、GIS 空间分析等方法，分析城市群内各城镇之间的交通或通勤联系及对外经济联系，人口、企业等微观主体的迁移特征，企业及其分支机构的分布网络特征，识别城市群空间组织的核心圈层和外围圈层，分析其相互作用关系和空间形态特征，诊断城市群层次结构存在的主要问题及形成原因。

第二十九条 人口与城镇化发展现状评价。评价城市群的人口集聚水平、城镇化水平及其与资源环境本底的协调程度等。采集人口普查、人口抽样调查、人口年度统计等数据，构建人口与城镇化空间数据库与评价指标体系，为城市群人口与城镇化发展目标预测提供依据，具体包括：

（一）人口集聚水平评价。采用份额分析、位序分析、集中指数、GIS 空间分析等方法，分析城市群人口集聚态势与集聚状况，评价城市群在全国及所在区域的人口集聚水平，分析城市群人口集疏的空间差异。

（二）城镇化水平评价。采用综合指数法、地理关联系数法、GIS 空间分析等方法，分析城市群城镇人口与城镇化水平的发展态势及城市群差异，测算城镇人口的集聚水平及其对全国城镇化水平的贡献度，评价城镇化与工业化和农业现代化的协同发展状况以及城乡统筹发展水平，分析城镇化与资源环境本底的空间耦合关系。

（三）人口及城镇化发展与资源环境本底的协调程度评价。采用耦合度、协调度等指标和 GIS 空间分析等方法，分析城市群人口及城镇分布与资源环境本底的协调程度，识别主要的资源环境限制因素及不协调区域或脆弱区域。

第三十条 经济与产业发展现状评价。评价城市群的经济发展水平、产业分工与协作水平及其与资源环境本底的协调程度等。采集经济普查、经济年度统计等数据，构建经济与产业空间数据库与评价指标体系，为城市群经济与产业发展目标预测提供依据，具体包括：

（一）经济发展水平评价。采用份额分析、趋势分析及比较分析等方法，分析城市群的经济规模与经济结构的现状特点、变化趋势及城市群差异，评价城市群的经济发展阶段及其在全国或省域的经济地位，诊断城市群经济发展存在的主要问题及形成原因。

（二）产业分工与协作水平评价。采用区位商、偏离-份额分析、产业关联度等方法，辨识城市群的优势产业与支柱产业，分析其发展现状特点、变化趋势及城市群差异，评价城市群各城市、各园区间产业分工与协作状况，诊断城市群产业发展存在的主要问题。

（三）经济与社会发展、资源环境本底的协调程度评价。采用弹性系数、耦合度、协调度等指标及 GIS 空间分析等方法，分析经济发展对就业、城镇化的推动作用，以及经济发展与资源消耗、环境污染的相互关系。评估产业发展的社会经济效益和资源环境效益，识别高效益产业、落后产能。综合评价经济发展与社会发展及资源环境本底的协调程度。

第三十一条 基础设施发展现状评价。评价城市群交通、信息等基础设施的发展水平与一体化程度。采集基础设施矢量图形数据和年度统计数据，构建基础设施空间数据库与评价指标体系，为城市群基础设施发展目标预测提供依据，具体包括：

（一）交通设施发展现状评价。采用交通优势度、综合可达性、网络密度等指标和拓扑网络分析、GIS 空间分析等方法，分析城市群区域交通设施的发展水平、发展态势及内部差异，评价重要的交通枢纽、运输走廊在全国或省域交通网络中的地位。分析交通网络结构，评价城市群交通设施网络一体化的发展水平，诊断交通设施发展存在的主要问题。

（二）区域公共设施发展现状评价。测算区域公共设施的规模总量、技术水平与服务能力，分析城市群公共设施相对于全国的发展水平。识别重要的能源设施、给排水设施等管网、节点，分析公共设施的网络结构。结合部门资料，评价区域公共设施网络一体化的发展水平，诊断公共设施发展存在的主要问题。

（三）区域信息设施发展现状评价。测算区域信息设施的规模总量、技术水平与服务能力，分析城市群信息设施相对于全国的发展水平。识别重要的光缆光纤、交换枢纽，分析城市群内部信息设施的网络结构。结合部门资料，评价区域信息设施网络一体化和智慧城市协同建设的发展水平，诊断信息设施发展存在的主要问题。

第三十二条　社会公平与创新体系现状评价。评价城市群社会发展水平、保障水平、社会生活服务设施便利度及区域创新能力现状。采集年度统计数据，开展社会访谈座谈，并构建社会生活服务设施与创新能力空间数据库与评价指标体系，为确定城市群社会公平与创新体系建设的目标提供依据，具体包括：

（一）社会发展水平评价。建立合理的指标体系，采用主成分分析、层次分析等方法，测算城市群就业、收入、住房、教育等相关指标相对于全国的发展水平，综合评价其社会发展水平与差异。诊断城市群社会发展存在的主要问题及形成原因。

（二）社会保障水平评价。采用比较分析、位序分析等方法，测算城市群养老保险、医疗保险、失业保险等相关指标相对于全国的发展水平，综合评价其社会保障水平与差异。诊断城市群社会保障存在的主要问题及形成原因。

（三）社会生活服务设施便利度评价。采用可达性、便利度等指标和拓扑网络分析、GIS 空间分析等方法，分析城市群社会生活服务设施相对于全国的发展水平，测算重要的医疗、教育、文体等网点的服务范围、交通可达性及使用便利度，诊断城市群社会生活服务设施存在的主要问题及形成原因。

（四）区域创新能力现状评价。采用层次分析、投入产出分析、数据包络分析等方法，从创新主体、创新平台、创新机制等方面构筑指标体系，评价城市群整体创新能力与制约因素，分析创新体系与产学研的协作水平和产出效率。评价中心城市在国家与区域创新网络中的地位与职能，分析其在城市群创新体系中的引领和辐射作用。

第九章　多规协同状态分析

第三十三条　多规协同状态分析主要诊断城市群范围内现有规划的整体协调程度，发现一致性的主要方面和各类规划的矛盾与冲突，明确城市群协同规划的瓶颈与重点，论证城市群规划协调的可行性。具体包括综合规划层面和专项规划层面的协同状态分析。

第三十四条　综合规划层面的协同状态分析。具体包括：

（一）从城市定位、空间结构、用地功能、开发强度等方面，构造规划冲突识别矩阵，分析主体功能区规划、城镇体系规划、区域规划、土地利用规划等综合规划层面间的整体协调性，结合城市群规划的主要内容逐项判别同层级规划方案要点的协调程度和潜在矛盾。

（二）运用规划拼合方法，整合同层级和下层级空间规划的布局方案，使其落到同一实体空间，分析同层级间、下层级间以及同层级与下层级间空间布局的协调程度，评价布局规划在范围、规模、时序等方面存在的矛盾和冲突。

第三十五条　专项规划层面的协同状态分析。评价产业发展、基础设施建设等专项规划间配套建设的协同程度，评价生态保护、环境整治等保护类专项规划与开发类专项规划间在发展目标、主要指标、调控阈值等方面的协调程度，分析生态红线、耕地红线、水红线、环境红线等重要保护类界限与开发类界限的协调和冲突格局，解析界限冲突区产生的成因与类型，通过功能布局的合理性分析明确城市群规划需要仲裁协调的难题与重点。

第十章 发展目标预测

第三十六条 发展目标预测为确定城市群规划的主要目标及发展方案提供依据，一般包括城市群空间发展格局、人口增长规模、城镇化水平、经济规模与结构、基础设施和资源环境保护等方面的内容。

第三十七条 城市群空间发展格局预测。具体包括：

（一）城市群整体发展阶段演化趋势预测。根据城市群形成发育的阶段演化规律，基于城市群现状所处的空间发展状态，结合城市群发展的自然本底条件、国际国内经济发展趋势、城市群发展的政策机遇、区域交通格局发展趋势，预测城市群处于由低级向高级、由分散向集聚、由孤立向网络演替的具体过程。

（二）城市群空间结构演变趋势预测。根据城市群空间结构演变规律，基于现状的空间结构特征与未来发展潜力，预测城市群基本构成要素的空间集聚与扩散过程，预测城市群核心圈层与外围圈层、核心节点与边缘节点的空间组织网络体系，预测城市群在空间上的连绵化、网络化演变趋势。

第三十八条 人口与城镇化发展目标预测。主要包括：

（一）人口增长规模预测。根据人口随城市群发展阶段集聚、扩散的规律，设定不同的人口增长情景，采用逻辑斯蒂模型、灰色预测模型等，结合现状人口发展态势、资源环境承载能力，筛选合理的人口增长目标，预测城市群人口集聚的主要地区。

（二）城镇化水平预测。根据人口城镇化曲线规律，设定不同的城镇化发展情景，构建回归模型，结合城市群现状城镇化水平、人口预测值和部门发展资料，筛选合理的城镇化发展目标，预测城市群城镇人口增长的主要地区。

（三）建设用地预测。根据建设用地与人口相关性规律，设定不同的人均建设用地情景，结合人口预测结果、城镇化发展目标、现状建设用地规模，筛选合理的建设用地发展目标，预测城市群建设用地扩张的主要地区。

第三十九条 经济与产业发展目标预测。主要包括：

（一）经济总量预测。根据经济发展客观规律，设定不同的经济发展情景，采用回归分析、增长率模型、灰色预测模型等方法，结合现状经济发展态势，筛选合理的 GDP 规模、人均 GDP、增长速度等经济增长目标。

（二）产业结构预测。根据产业结构演进规律，设定不同的产业发展情景，对三次产业的产值增长分别进行模拟，结合部门资料，筛选合理的产业结构目标，分别预测城市群三次产业发展的主要地区。

（三）重点行业预测。根据产业空间联系理论，选择重点行业，采用趋势外推等方法，预测重点行业未来的发展规模。结合部门资料和产业自身发展条件，预测重点行业分布的主要地区。

第四十条 基础设施发展目标预测。根据基础设施规模与人口定额关系，设定各类设施不同的人均用量情景，结合城市群人口规模和经济规模预测值，参照部门资料和关键工程建设计划，筛选合理的基础设施发展规模、服务能力等目标，预测重大基础设施分布的主要地区。

第四十一条 资源环境保护发展目标预测。根据资源环境本底和生态系统差异性，结合人口、经济和产业预测结果，测算规划期主要资源消耗和主要污染物排放的规模。结合城市群资源环境承载能力，筛选合理的资源环境控制性发展目标，预测资源消耗和污染物排放的主要地区。

第三篇

主要规划内容

第十一章 规划背景

第四十二条 规划背景主要概括城市群发展的国际国内环境、现状特征、优劣势条件、机遇和挑战等内容。规划背景的概括应以专题研究和综合研究为基础，以确定城市群发展目标和规划重点内容为导向，既要系统全面，又要突出重点和特色。

第十二章 功能定位与战略目标

第四十三条 功能定位与战略目标应制定城市群发展的指导思想和基本原则，明确城市群发展的功能定位，提出相应的发展目标和发展战略，并提出总体目标与阶段性目标。

第四十四条 功能定位应具有战略性、层次性，突出地域特色。从国际层面、国家层面和区域层面，明确城市群在经济全球化、生态文明建设和实现现代化目标中的作用，确定城市群在产业经济分工合作、推进区域协调发展、加快新型城镇化进程、全面深化体制机制改革中的经济功能、社会功能、区位功能、改革功能，应重视功能定位的创新性、差异性和示范性。

第四十五条 战略目标应采用定性描述和定量表达相结合的方式。定性描述围绕城市群功能定位，清晰、明确地概括总体目标、功能分解目标、分阶段目标，也可通过展望规划愿景对城市群发展的战略目标进行定性描述。定量表达围绕战略目标的定性描述确定指标体系，主要包括预期性目标（如城镇化发展目标、经济发展目标等）、协同性目标（如城乡统筹发展目标、城市群协同发展目标等）、约束性目标

（如单位 GDP 能耗、建设用地增量、耕地保有量等）。定量目标可分解为近期、中期和远期目标。

第十三章　总 体 布 局

第四十六条　总体布局是城市群功能定位和发展目标的空间战略表达，是城市群空间结构、功能分区、重大项目的布局总图，是引导和约束城市群空间有序发展的重要依据。

第四十七条　总体布局要与城市群的城镇化、工业化进程相呼应，根据城市群所处发展阶段、空间结构多中心化发育程度、城市节点之间功能关系及空间联系等，制定差异化的空间利用方式引导生产要素的合理集聚和疏散，指导区域性支撑体系的规划布局，保护区域内的生态和非建设空间。

第四十八条　空间结构是城市群社会经济发展和资源环境保护的空间形态表达，通常采用点–轴–面组合的表达方式，反映城市群主要功能空间的布局重点和发展指向，主要包括：

（一）确定城市群发展的核心城市与节点城市。

（二）确定城市群的发展轴线与保护廊道。

（三）确定城市群的重点建设区、重点保护区及两者间的关系。

（四）确定城市群城镇间的协调发展关系与辐射带动方向。

城市群规划编制部门可根据发展需要和城市群的实际情况，适当增加城市群空间结构编制内容。城市群空间结构的设计应注重城市群发育的阶段特征，对于处在发展期的城市群，总体布局强化中心城市的功能集聚，宜开展向心型、集聚化空间引导；对于处在成熟期的城市群，总体布局突出城市群空间发展的均衡性，宜进行网络型、均衡化空间引导。

第四十九条 功能分区是基于城市群不同区域的资源环境承载能力、现有开发密度和发展潜力，以城市群的功能定位和战略目标为依据，对主要开发和保护功能类型进行的区域划分。功能分区方案不得与国家和省级主体功能区规划相冲突。

（一）开发类功能区以是否适宜工业化、城镇化建设为基准，结合开发利用方式，具体划分为城镇优化提升区、城镇重点建设区、工业区、交通枢纽和物流区等，根据需要可补充调整功能区类型。

（二）保护类功能区以生态安全、食物安全、自然和文化遗产保护、游憩空间为功能导向，结合在城市群整体发展和协同发展中的重要性，确定不同功能的空间位置和具体范围。功能区命名可因地而异，突出功能的特征和指向。

功能分区也可采取"三生空间"的划分方式。以生产、生活、生态功能主导为原则，以生产空间集约高效、生活空间宜居适度和生态空间自然秀美为目标，对城市群区域进行生产、生活、生态功能区的识别划分。根据城市群实际情况和发展需要，可对"三生空间"进行组合或细分，如农业生产和生态用地构成的复合绿色开敞空间，生产空间可细分为高新技术产业空间、能源与原材料生产空间等。依据"三生空间"划分结果，计算"三生空间"的用地比例关系，可用作开发强度、生态底线管制的定量指标。

第五十条 重大项目布局。对影响城市群总体布局的重大项目可在布局总图上进行空间表达，如重大基础设施项目（重要交通线路、港口和机场、水库和调水工程、能源供给通道等）、重大区域性生态建设工程（重要生态廊道、重点生态问题治理工程等）、重大区域性环境整治工程、重大产业开发项目等。

第十四章　城乡统筹与城市群协同发展

第五十一条　城乡统筹与城市群协同发展指按照城市群内部不同区域间的比较优势，深化分工和协作，引导城乡间、城镇间形成良性互动联系，促进城市群内部的相对均衡发展，提高城市群的一体化水平和整体竞争力。

第五十二条　城市群城乡统筹以城市群各组成地区的城乡统筹为基础，旨在建构城市群相对统一的城乡格局，坚持工业反哺农业、城市支持农村、多予少取放活的方针，重点完善城市群城乡发展一体化体制机制内容，逐步缩小城乡差距，促进城镇化和新农村建设协调推进。具体包括：

（一）城乡统筹的目标和战略重点。

（二）促进城市群城乡发展一体化的体制机制。围绕打造城市群共同的制度平台，建立城乡统一的人力资源和用地市场，建立社会资本投向农村建设的体制机制，引导更多人才、技术、资金等要素投向城市群的农业生产领域和乡村地区。

（三）实现城乡统筹发展的共同行动计划。从相关规划制定、公共财政政策、基础设施建设和公共服务保障等方面，选择城市群各组成地区在统筹城乡发展方面的共性需求和关键内容，提出共同行动的纲领和举措。

第五十三条　城市群协同发展应突出城镇间的优势互补、错位发展，从有利于增强中心城市辐射带动功能、促进大中小城镇协调发展、带动城市群可持续发展能力整体提升的角度，确定城市群等级规模结构、职能结构和空间结构。

（一）城市群等级规模结构应反映人口集中或分散的程度以及不同

规模等级城镇的分布状况。应着眼于城镇规模结构优化，提出增强核心城市辐射带动功能、加快中小城市和小城镇协调发展的具体方案。

（二）城市群职能结构应反映城镇职能层级与分工体系，确定城市群城镇职能层级与各层级城镇数量、名称。确定城镇的职能类型或职能类型组合。确定重点城镇的功能定位、发展方向，用地规模和建设用地控制范围。

（三）城市群空间结构应反映各城镇在空间上的分布、联系及其组合形态，重点突出城市群以核心城市为中心、以重点城镇为节点的发展圈层和发展体系，确定不同等级城镇间辐射带动关系，同等级城镇间协调发展关系，划定发展区域，确定发展主轴与副轴。

（四）城市群协同发展规划应重视处理好城市之间的发展关系，特别是不同行政区中心城市之间的关系、不同等级城镇间辐射带动关系以及同等级城镇间协调发展关系，在城镇化战略思路、空间布局和重大举措等方面提出相应的规划指引。

第十五章　产业分工合作

第五十四条 产业分工合作是城市群产业规划的核心导向，应按照形成有序分工和紧密合作的产业空间格局、培育和提高城市群产业核心竞争力的要求，对城市群产业体系在发展定位、结构调整、布局优化等方面进行统筹安排。主要包括产业结构升级与主导产业选择、产业布局优化和产城融合、产业链条整合和城市分工、重要产业基地和重点园区建设等方面。

第五十五条 产业结构升级与主导产业选择。确定城市群产业结构调整方向和重点发展的主导产业，明确产业定位、发展方向、建设时序和空间布局。针对现代服务业、先进制造业、战略性新兴产业以及传统产业 4 个不同的产业领域,规划重点应有所差异。

(一)现代服务业。确定生产性服务业和生活性服务业的重点领域,明确在产业结构优化升级中的战略重点。其中,生产性服务业的发展要突出与先进制造业的融合,生活性服务业的发展要契合人口规模及消费需求。

(二)先进制造业。根据国家淘汰落后产能、生态环境治理等相关政策,确定先进制造业的重点领域,突出产业结构优化、产品结构优化和企业组织结构优化,控制总量扩张,规避恶性竞争。

(三)战略性新兴产业。以城市群及各城市的技术、人才支撑条件为基础,以国内外市场需求为导向,与国家确定的战略性新兴产业扶持发展方向保持一致,确定战略性新兴产业的重点领域。

(四)传统产业。符合国家相关政策导向,突出各城市发展重点的差异性,确定传统产业发展的重点领域,实现农副产品、旅游休闲产品、能矿产品等在城市群的联动配给。

第五十六条　产业布局优化和产城融合。应与城市群发展总体布局、产业结构调整方向相衔接,结合城市的产业发展基础和资源环境承载能力,按照产业发展和城镇建设融合、产业集聚和人口集聚同步的原则,确定城市群产业功能分区、重点产业发展中心和节点城市、重点产业的转移和承接等内容。

(一)城市群产业功能分区。在主体功能区规划的指引下,以综合评价为基础,结合多种分析方法划定产业功能区,提出空间管制原则和措施。

(二)重点产业发展中心和节点城市。综合城市产业未来发展方向与资源环境承载能力、技术人才支撑、交通物流条件的匹配性,确定重点产业发展中心和节点城市,明确在产业链中的职能分工。

(三)重点产业的转移和承接。基于产业链分工的城市产业功能定位和产业发展导向,结合城市群及城市资源环境胁迫程度,按照有效配置公共资源、改善人居环境的要求，发挥中心城市的区域辐射和带动作用，确定城市群与外部区域间、城市群内各城镇间产业转移承接的重点和模式，明确配套政策措施。

第五十七条　产业链条整合和城市分工。瞄准提升城市群整体的经济发展质量、效益和竞争力，遵循城市间产业物质流、能量流、信息流等的变化趋势，结合城市群产业发展重点和空间布局形态，明确产业链条整合重点。坚持"四化"同步、优势互补、分工协同、互利共赢的原则，确定城市在城市群主导产业发展中的职能分工和合作方式。

第五十八条　重要产业基地和重点园区建设。符合国家产业政策和城市群重点产业发展导向与产业循环体系、资源循环利用体系、污染控制体系的基本要求，根据城市群重点产业在国家和区域经济社会发展中的地位，结合产业结构调整方向和布局优化方案，确定重点建设的产业基地和产业园区，明确产业定位及发展方向。

第十六章　区域基础设施网络建设

第五十九条　区域基础设施网络是城市群形成和发展的重要支撑条件，区域基础设施网络建设水平是城市群一体化程度的重要标志，包括区域性的交通设施网络建设、能源设施网络建设、给排水设施网络建设和信息设施网络建设。区域基础设施网络建设应与城市群空间发展相协调，通过基础设施的区域化，实现跨市域共建共管和共用共享。还应注重各项基础设施之间的协调发展，通过顶层设计和统筹协调，节约土地资源，规避重复建设，提高运行效率。

第六十条　区域性交通设施网络建设。综合安排对城市群整体发展具有重大影响的通道及场站，确定建设目标与方向、总体布局、重大通道、重大枢纽等建设内容。

（一）提出交通设施网络在规划期内应实现的整体发展水平，明确设施规模总量、技术水平、交通方式结构、空间布局、衔接水平，提出应达到的总体发展目标。

（二）制定交通设施网络总体布局方案与网络形态。

（三）提出城市群对外通道、内部通道的布局走向、技术等级、各交通方式的比例结构。

（四）提出重大枢纽的规模容量、技术等级、职能和面积。

第六十一条　区域性能源设施网络建设。综合安排城市群城际和区际的电力、天然气等能源设施网络，确定具有全局意义的能源设施发展方向和建设内容。

（一）提出能源设施网络在规划期内应实现的整体发展水平，明确设施规模总量、技术水平和服务能力。

（二）明确重大电力设施规模、职能等级、技术水平、服务范围。提出输变电干线的规模数量、布局走向和技术水平等。

（三）明确天然气主要供应站与调压站的规模等级、技术水平、服务范围。提出重大天然气干线管道的规模数量、布局走向、技术等级和服务范围。

第六十二条　区域性给排水设施网络建设。综合安排具有全局意义的供水、排水网络，确定总体目标和重点建设内容。

（一）提出给排水设施网络在规划期内应实现的整体发展水平，明确设施规模总量、技术水平和服务能力。

（二）明确重大水源地的位置、面积、库容、重要程度和保护范围，提出重大供水设施的供水能力、技术水平和服务范围。

（三）提出重大输水渠与供排水干线管道的输水能力、技术水平、布局走向和服务范围。

第六十三条　区域性信息设施网络建设。综合安排区域性互联网、移动通信和广播电视网络，确定发展布局方向和重点建设内容。

（一）提出信息设施网络在规划期内应实现的整体发展水平，提出设施总量、技术水平、融合水平、服务能力，明确数字城市、光网城市、无线城市等重大工程。

（二）提出高速信息通道与重大设施的规模、布局走向、技术等级和服务范围。

（三）提出重要信息交换枢纽的规模、技术等级和服务范围。

第十七章　创新体系与社会公平

第六十四条　创新体系与社会公平是提升城市群软实力、营造城市群软环境的重要方面，具有物质规划和非物质规划相结合的属性，主要包括区域科技创新体系、区域文化、社会发展和社会保障体系等内容。

（一）区域科技创新体系。提出城市群区域科技创新资源开放共享、科技创新载体联合共建的重点领域，建设区域科技创新网络。明确中心城市在城市群科技创新体系中的引领和辐射作用，促进各城市和区域之间通过分工协作融入科技创新网络。探索城市群产学研协同创新模式，打造具有地域特色的科技研发和成果转化创新链条。

（二）区域文化。凝练城市群协同发展的核心精神，培育城市群的区域文化认同。发掘历史文化根基，确立共同打造的文化产业品牌，培育特色鲜明的区域性文化产品。将城市群一体化建设和精神文明建设相结合，发挥传媒优势，搭建文化宣传平台，共同弘扬城市群区域文化。建立城市群区域文化合作交流机制，探索官方和民间多种形式的文化交流。

（三）社会发展。遵循广覆盖、保基本、多层次的原则，突出城市群基本公共服务的统筹衔接和优质公共社会资源的共建共享，统筹协调各级各类教育资源，优化配置医疗卫生资源，建立开放就业促进体系，引导跨区住房供给保障，实现城市群城乡间、城镇间社会发展的公平公正。

（四）社会保障体系。按照国家基本配套标准，结合城市群实际情况，整合资源，互动合作，完善社会保险、社会福利、社会救助、社会互助和优抚安置等重点内容。通过打造城市群统一规范的业务经办运行平台等手段，建立社会保障无障碍、跨地区转移接续机制和经办互认确定机制，促进城市群社会保障体系全覆盖和一体化。

第十八章　生态环境综合整治

第六十五条　生态环境综合整治包括城市群生态安全格局共建与环境污染共治。生态安全格局共建是城市群优化生态空间结构、提升国土空间品质、促进生态文明建设的总体措施。环境污染共治是对大气、水体、土壤和固体废弃物等环境污染类型采取的综合性应对措施，是调整经济结构和转变发展方式的突破口。

第六十六条　生态安全格局共建要考虑城市群水源涵养、洪水调蓄、生物栖息地网络等重点生态问题，结合天然林保护、退耕还林等国家重大生态工程，指导城市群空间合理扩展与土地利用优化配置。共建内容以城市群整体的生态系统服务功能为基础，围绕协调城市群内各城市共同关注但又无法单独解决的重大生态问题展开。主要包括：

（一）确定城市群生态安全共建总体格局（生态功能分区）。

（二）确定城市群生态屏障区（带）与建设重点。

（三）确定城市群生态廊道体系与建设重点。

（四）确定城市间的最小生态阻隔距离。

（五）确定城市群重点生态建设工程（如自然保护区、湿地等）。

第六十七条　环境污染共治要考虑城市群大气、水体、土壤和固体废弃物等重点环境污染问题，结合重点环境污染防治工程实施，明确环境污染控制重点，优化能源消费结构，推进节能减排。共治内容应瞄准总体环境质量控制，围绕影响城市群区域环境质量的重大问题展开。主要包括：

（一）确定城市群环境质量共同控制重点与目标。

（二）确定城市群大气污染防治重点与措施。

（三）确定城市群污水处理重点与措施。

（四）确定城市群土壤污染和固体废弃物处理重点与措施。

（五）确定城市群环境污染共治重点工程。

第十九章　空间管制与保障措施

第六十八条　空间管制主要根据城市群空间发展战略、土地利用类型和建设用地类型，对不同功能和类型的区域进行分类管制，并提出相应区域发展引导政策，提升城市群可持续发展能力。主要包括：

（一）总量管制。以城市群整体水土资源、环境容量的总量控制为前提，运用开发强度确定城市群建设空间的约束上限，运用最小生态范围确定城市群生态保护空间的约束下限，运用"三生空间"结构确定建设用地中生产空间和生活空间的比例关系。

（二）分区管制。结合功能分区，按照开发程度或保护程度进行空间管制，明确分区管制内容的性质，划定开发或保护的强度和边界。针对生态敏感区（森林、湿地、自然保护区等）、城市和区域重要开敞空间、历史文化遗存保护区、基础设施走廊、水源保护地等，提出约束性的保护和控制要求。针对城镇化空间、产业集聚空间、乡村建设空间等，从区域间协调、空间组织优化和公共利益维护的角度，提出引导性的控制要求。

（三）红线管制。明确城市群内特大城市的空间增长边界、城际生态廊道的最小保护范围，整合生态保护红线、水资源红线、耕地保护红线等，划定部门红线管制的具体边界。对城市群可持续发展具有重大影响的界线，实行一票否决制。红线管制内容具有刚性约束力。

第六十九条　保障措施是推动城市群协同发展、保障城市群规划有效实施的政策和制度安排。保障措施应遵循依法行政、有限干预、明晰事权的原则，通过建立区域协调机制、制定近期行动计划、完善配套政策措施，推动城市群一体化发展进程。

（一）区域协调机制。探索自上而下和自下而上相结合的区域协调机制。根据政府和各级部门的事权范围，提出城市群区域协调组织机构的建构方案，明确组织方式、职能和协调程序。推行城市群区域共同制度，丰富定期和不定期、官方和非官方交流形式，制定协议公约、区域联盟、论坛峰会等合作内容，搭建城市群各城市间、区域间稳固的交流协作平台。

（二）近期行动计划。结合城市群亟待解决的重大问题，将规划制定的发展战略和各项具体策略转化为近期实施行动，如相关规章起草、协调机构和机制建立、深化性专项规划编制、区域性基础设施项目实施等领域。为保证近期行动计划的可操作性，应明确责任主体的职责分工，提出投资估算、筹资方式、实施时序等具体安排。

（三）配套政策措施。综合运用法制、行政、监管、财政等多种手段，探索有利于城市群一体化发展的政策措施和管理手段，提升城市群区域产业体系、劳动力市场、基础设施等的协同程度。

第四篇

规划成果表达

第二十章 规 划 纲 要

第七十条 规划纲要是对规划主要内容采用政府文件式的表达，用于规划审批、公布实施的文件。采用篇章式结构或条款式结构表达，篇幅一般在 3 万字左右。规划纲要可将主要的规划图表作为附图、附表，也可采用专栏的形式对重大项目的名录、汇总指标等进行细化表达。文字表达应规范、准确、肯定、含义清楚。

第二十一章 规 划 图 集

第七十一条 规划图集是用图纸形式表达现状和规划设计内容。图面表达内容应完整、明确、清晰、美观。

第七十二条 规划图集一般包括以下系列：

（一）概貌与基础分析图系列，包括区位、行政区划、自然地理环境、重要政策区示意、资源环境承载能力的单要素和综合评价等类别。

（二）现状图系列，包括人口和城镇、经济和产业、基础设施和公共服务设施、生态环境格局等类别。

（三）规划图系列，包括总体布局、空间结构、功能分区、人口和城镇、经济和产业、基础设施和公共服务设施、生态环境格局、空间管制等类别。

图纸可进行多种类型的综合表达，也可分幅表达；根据图幅和内容需要，选择行政区划图或地形图作为底图。

第七十三条 图纸的具体绘制要求包括：

（一）概貌图包括区位、行政区划、自然地理环境等内容。一般采用行政边界作为底图要素，以县区为基本单元进行表达。

（二）规划总图包括点轴系统、功能分区、重大项目布局等内容。一般采用行政边界作为底图要素，以县区为基本单元进行表达。

（三）人口和城镇现状与规划图包括人口密度、城镇规模与职能等内容。一般采用行政边界作为底图要素，以县区为基本单元进行表达。

（四）经济和产业现状与规划图包括经济密度、产业发展水平等内容。一般采用行政边界作为底图要素，以县区为基本单元进行表达。

（五）基础设施和公共服务设施现状与规划图包括设施、网络布局等内容。一般采用行政边界作为底图要素。

（六）生态环境格局现状与规划图包括生态功能分区、重大生态工程布局等内容。一般采用地形图作为底图，多以自然地理单元进行表达，也可采用县级行政单元进行表达。

（七）资源环境承载能力评价图包括单要素和综合评价等内容。既可采用县级行政单元也可采用自然地理单元进行表达。

第七十四条 根据规划范围确定制图精度，规划范围为 3 万 ~ 5 万 km² 的城市群一般采用 1 : 10 万 ~ 1 : 25 万比例尺；规划范围为 5 万 ~ 10 万 km² 的城市群一般采用 1 : 25 万 ~ 1 : 50 万比例尺。纸质成果按 A3 的标准图幅装订成册。

第二十二章　规　划　表　册

第七十五条 规划表册用于指导各行政单元进行规划实施落实，是主要空间布局内容在行政单元下（通常为县级行政单元）的分解细化。表册内容具有指导性和约束性，主要包括资源环境承载能力、功能分区、主要发展指标、人口和城镇化、空间管制等内容。

第二十三章 研究报告

第七十六条 研究报告是对规划内容的科学分析和论证，是对基础条件评价和发展预测内容的表达。研究报告应以规划内容为指向，以科学理论和方法的分析论证为基础，可分为专题研究报告和综合研究报告。专题研究报告的选题要突出地方特色和重大问题，综合报告是在专题报告基础上的集成和提升。

第二十四章 基础资料汇编

第七十七条 基础资料汇编是根据城市群规划编制的需要，搜集、整理和编印的不同主题文献成果资料。主要包括：

（一）国家、省级政府关于城市群规划的重要文件。

（二）借鉴国内外城市群规划的研究成果资料。

（三）本城市群已有的前期研究成果及经验总结材料。

（四）规划编制的实地考察和部门座谈阶段形成的调研报告。

（五）有关领导、专家学者对城市群规划工作和成果的指导、咨询、论证意见。

（六）公众参与、社会反响的意见汇编。

第二十五章 技术支撑平台

第七十八条 技术支撑平台将城市群规划编制过程中大量多源、

异构的时空数据集成到统一平台进行管理，对规划方案可进行模拟、比选，对规划成果可进行可视化表达，并满足规划方案实施过程中动态监测与评估的需要。由 GIS 软件支持的技术支撑平台主要包括：

（一）时空数据库管理系统。具体包括：基础地理数据集，含地形数据、行政区划数据、土地利用现状数据、遥感影像数据、社会经济统计数据以及资源环境背景数据；多规协同数据集，含主体功能区规划、城市规划、土地利用规划以及主要专项规划的空间与非空间信息数据；规划编制与专题研究过程数据和成果数据集。

（二）方案模拟与可视化演示系统。各历史时期城市群产业、人口、土地利用、技术设施的演变过程模拟子系统；基于人机交互的多种规划方案模拟与比选子系统；基于动画或电子沙盘的规划方案动态演示子系统。

（三）规划实施监测评估系统。根据规划功能定位与发展目标，构建城镇化、经济效益、增长方式、资源消耗、环境质量等方面的监测评估体系。搭建集基础信息检索、资源环境情势监测、预警发布与响应服务等功能于一体的城市群规划实施监测预警平台，有效支撑规划中期评估和专项监测。

第五篇

规 划 评 估

第二十六章　规划环境影响评估

第七十九条　规划环境影响评估是客观、公正、独立地对城市群规划实施可能产生的环境影响进行评价，并提出预防或减轻未来不良环境影响的对策和措施。具体包括生态安全格局评价、环境影响积累评价、资源利用影响评价以及人群健康影响评价。

（一）评价规划实施可能对城市群地区、相关流域与海域生态系统产生的整体影响。

（二）评价规划实施可能对大气、水、土壤环境系统产生的长远影响。

（三）评价规划实施可能对自然资源、生态资源、能源等产生的长远影响。

（四）评价规划实施可能对城乡居民的身体与心理健康产生的长远影响。

第二十七章　规划实施评估

第八十条　规划实施评估是对规划内容执行情况的评估，旨在督促检查实施过程，及时发现问题，进行规划方案修订，为下一轮规划编制提供依据。一般包括规划中期评估和规划完成后评估。评估时应综合规划的正效应和负效应、受损面和受益面、长期效益和近期效益、部门效益和综合效益，根据规划内容的具体属性，选取相应的评估方法。对规划的综合性目标采用指标集成与耦合分析方法进行评估；对可量化的具体发展指标，比照实施情况进行直接评估；对不可量化的非物质规划内容，通过社会调查方法进行间接评估。

第八十一条 规划中期评估应重视城市群规划的整体性和协调性的内容，评估规划实施效果，对可能发生的规划实施失效或偏差及成因进行剖析，为规划的及时修订和调整提供依据。

第八十二条 规划完成后评估应关注规划实施后的效果，评估规划对全国、周边区域、城市群内部组成部分的影响、作用和贡献，为下一轮规划编制提供依据。

第八十三条 规划实施过程中应建立针对规划评估的统计资料汇编平台和机制，加强过程监督，搜集用于评估的定量数据和指标，为评估提供全面的基础信息支撑。

第六篇

附　　则

第二十八章 适 用 范 围

第八十四条 本技术规程主要适用于《国家新型城镇化规划（2014—2020 年）》中确定的城市群，但出于国家领土安全和区域协调发展考虑，在中西部欠发达地区、民族地区、边疆地区，对初步具备城市群发展特征或者趋势的区域，城市群标准可适当放宽，可顺应规律，因势利导，前瞻性地进行城市群规划。

第二十九章 组 织 方 式

第八十五条 城市群规划编制按照政府组织、专家领衔、公众参与、科学决策的组织方式开展。

第八十六条 跨省级城市群，建立行政首长联席会议制度及其相应的办公室，负责组织编制跨省级城市群规划，具体工作由各省级主管部门会同有关部门实施。省级人民政府负责组织编制省内城市群规划，具体工作由省级主管部门会同有关部门实施。

第八十七条 城市群规划组织包括规划领导小组、专家咨询组以及规划编制组。

（一）城市群规划领导小组由政府部门人员构成，具体包括省级分管发展建设的行政首长、各部门有关负责人员及各区县相关部门负责人员等，负责协调解决规划编制中的重大问题。城市群规划领导小组下设领导小组办公室，负责具体组织规划编制工作。

（二）城市群规划专家咨询组由不同领域的专家构成，负责规划编制的咨询、论证等。

（三）城市群规划编制组由研究机构和政府部门人员共同构成，负责规划基础研究、规划编制并参与规划论证等。

第三十章　法律地位

第八十八条　跨省级行政区的城市群规划由全国人民代表大会或全国人民代表大会常务委员会审议通过，省级行政区内的城市群规划由同级人民代表大会或同级人民代表大会常务委员会审议通过，具有法律效力和普遍约束力。

第三十一章　规划修订

第八十九条　城市群规划一经公布实施，在规划期内不得随意修改变动。但规划管理和编制部门可根据规划监管机构的中期评估建议，对切实需要修订的规划内容，开展规划修订与论证工作，并按审批程序批准公布。

第九十条　当城市群规划实施的外部条件发生重大变化时，需要对规划进行补充完善的，规划管理部门应及时提出相应建议，提请同级人民政府审议批准。

本技术规程的最终解释权归国家发展和改革委员会。

附　　件

附件1　关于请协助开展城市群规划编制
技术规程研究的函（节选）

中华人民共和国国家发展和改革委员会

关于请协助开展城市群规划编制技术规程研究的函

中国科学院办公厅：

《国家新型城镇化规划（2014～2020年）》提出，中央政府负责跨省级行政区的城市群规划编制和组织实施，省级政府负责本行政区内的城市群规划编制和组织实施。为贯彻落实这一要求，近期我委将会同有关部门组织开展跨省级行政区城市群规划编制工作。为确保城市群规划编制工作的科学性和规范性，拟请贵单位组织相关领域专家开展"**城市群规划编制技术规程**"研究，并于2014年6月底前将研究成果提交我委（发展规划司）。

贵院曾对主体功能区规划编制技术规程研究给予大力支持，谨表感谢！诚望继续大力支持为盼！

国家发展改革委办公厅
2014年3月31日

附件2 《城市群规划编制技术规程》应用证明

中华人民共和国国家发展和改革委员会

成果应用证明

2014 年，国家发展改革委办公厅正式致函中科院办公厅，商请协助制定城市群规划编制技术规程（以下简称"规程"），中国科学院科技战略咨询研究院副院长樊杰带领编制团队，如期完成规程的制定任务。

规程已应用到长三角、成渝城市群规划中，达到了预期效果。在李克强总理主持召开国务院常务会审议长三角、成渝城市群规划时，我委汇报稿中专门报告了与中科院联合制定规程事宜。近期，我们正组织编制长三角和成渝城市群规划专著，规程作为重要内容已一并纳入。

特此证明。

国家发展改革委发展规划司

2017 年 3 月 20 日